AMÉLIORATIONS AGRICOLES

CULTURE EN MÉTAYAGE

AVEC LE CONCOURS DU PROPRIÉTAIRE

RÉSULTATS OBTENUS PAR M. DAMOURETTE,

Directeur de la succursale de la Banque de France à Châteauroux,

SUR SA PROPRIÉTÉ DE BEAUMONT.

PARIS

IMPRIMERIE CENTRALE DES CHEMINS DE FER

DE NAPOLÉON CHAIX ET Cⁱᵉ,

Rue Bergère, 20, près du boulevard Montmartre.

1862

LES

AMÉLIORATIONS AGRICOLES

CULTURE EN MÉTAYAGE

AVEC LE CONCOURS DU PROPRIÉTAIRE

Résultats obtenus par M. Damourette, directeur de la succursale de la Banque de France à Châteauroux, sur sa propriété de Beaumont.

PARIS

IMPRIMERIE CENTRALE DES CHEMINS DE FER

DE NAPOLÉON CHAIX ET Ce,

Rue Bergère, 20, près du boulevard Montmartre.

1862

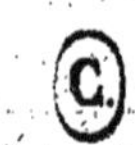

AMÉLIORATIONS AGRICOLES.

Les améliorations agricoles ne peuvent aider au développement du progrès dans la contrée où on les applique qu'autant qu'en permettant de produire plus économiquement, elles augmentent le bien-être du cultivateur ; elles ont d'ailleurs toujours besoin d'être étudiées scrupuleusement, et doivent être préparées de longue main, sinon elles sont onéreuses, et le plus souvent ne donnent que des mécomptes. C'est malheureusement ce qui est arrivé à ces esprits trop ardents, qui ont cru pouvoir introduire dans le centre de la France, tout d'un coup et de prime abord, la culture perfectionnée de la Beauce, de la Brie, de la Flandre, etc., sans s'occuper de la différence du climat, de la nature des terres, des usages, des circonstances locales, etc. Presque tous ont échoué, et cet insuccès a eu pour résultat non-seulement de ruiner les innovateurs, mais encore d'augmenter beaucoup la défiance naturelle des gens du pays, qui, dans leur routine aveugle, ne sont que trop portés à repousser sans examen toutes les idées nouvelles, de quelque part qu'elles viennent, et ne se décident à essayer les modifications les plus simples et les plus rationnelles que lorsqu'une longue suite de succès les force de se rendre à l'évidence.

Mais à côté de cette routine aveugle et de l'inertie qui repousse sans examen toutes les innovations, il y a la *raison d'être,* fruit de l'expérience accumulée depuis des siècles, et de laquelle on ne doit s'écarter qu'avec la plus grande circonspection.

Il y a trois modes d'exploitation des propriétés rurales tout à fait distincts : le *faire-valoir* direct ou par domestiques, le *fermage* et le *métayage.* Chacun de ces modes a ses partisans et ses détracteurs parfois trop exclusifs, et a cependant sa raison d'être : toutefois chacun de ces modes d'exploitation doit recevoir ‘des modifications suivant les circonstances particulières qui font qu’inaccepta-ble dans certaines conditions, il devient au contraire lucratif et préférable dans d’autres ; on oublie trop souvent qu’en agriculture, plus qu’en aucune autre industrie il n’y a rien d’absolu, et que ce qui est bon et avantageux dans un cas donné, peut devenir impraticable et onéreux dans un autre.

Il n’est pas toujours avantageux et facile d’exploiter par soi-même ; c’est, il est vrai, le moyen d’amélioration le plus puissant, le plus rapide, mais il expose à de grandes chances de pertes. On ne peut réussir qu’à la condition d’unir à des connaissances spéciales une grande activité, et surtout procéder très-économiquement.

Le faire-valoir par domestique, sous la direction immédiate du propriétaire, expose le plus souvent à de grands mécomptes ; car les employés ayant des gages fixes et n’étant pas intéressés dans la prospérité de l’exploitation, culti-vent sans économie, font le moins possible et occupent presque toujours un personnel trop nombreux ; les frais de culture sont alors hors de rapport avec le produit, et bientôt le propriétaire s’aperçoit qu’au lieu de percevoir un revenu, il est constamment obligé de fournir des fonds qui, sous le nom d’améliorations, se trouvent absorbés. Ce système d’exploitation, que quelques propriétaires ont préféré au métayage, est aujourd’hui presque complétement abandonné.

Le fermage est un mode d’exploitation fort commode pour le propriétaire qui ne veut pas s’occuper d’agriculture. En effet, quoi de plus séduisant que de confier sa propriété à un fermier intelligent qui, en améliorant sa culture, amé-liorera les terres et par conséquent augmentera la valeur vénale du sol, le tout à ses risques et périls ? Se trouver ainsi débarrassé de tout souci, n’avoir à s’occuper de sa propriété que pour en toucher régulièrement les revenus en bonnes espèces, cela est vraiment très-agréable.

Malheureusement dans la pratique il n’en est pas toujours ainsi. Le Berry fournit peu de fermiers, et surtout peu de bons fermiers ; ceux qui sont sol-vables n’afferment qu’à bas prix, et au lieu d’exploiter directement, font ex-ploiter en grande partie pour leur compte, soit par des domestiques, soit même par des métayers, et ils n’améliorent guère la propriété ; ceux qui ne sont pas solvables paient mal, pressurent les métayers qui exploitent pour leur compte et améliorent encore moins, si même ils ne ruinent la terre.

Quant aux fermiers étrangers, ils exploitent eux-mêmes et améliorent les propriétés ; malheureusement les domaines du Berry sont généralement très-négligés et exigent des avances relativement considérables pour être mis en bon état de culture. Il faudrait drainer, marner ou chauler, fumer fortement, construire des bâtiments, améliorer les chemins. Une grande partie de ces dépenses devrait être faite par le propriétaire, puisqu'elles donnent une plus-value au sol ; mais comme celui-ci afferme sa propriété justement pour n'avoir pas à s'en occuper, il refuse naturellement de faire les dépenses nécessaires pour améliorer le sol et pour rendre la culture possible dans de bonnes conditions.

Si le fermier fait à ses frais tout ou partie de ces dépenses, il ne peut espérer d'être couvert de ses débours qu'après plusieurs années, et c'est très-souvent de l'argent perdu pour lui.

S'il ne les fait pas, son exploitation se trouve entravée pendant tout son bail.

Il faut donc au fermier étranger qui veut réellement et franchement entrer dans la voie du progrès, un grand capital, et il ne peut espérer réaliser des bénéfices que s'il a un long bail et s'il loue à bas prix.

Les fermiers ne conviennent donc qu'aux propriétaires éloignés, aux fonctionnaires publics, en un mot aux personnes qui, pour un motif quelconque, ne veulent et ne peuvent s'occuper de leur propriété ; le métayage est préférable pour le propriétaire quand le sol est mauvais et qu'il exige pour le bien cultiver plus de capitaux qu'il n'en a à sa disposition, ou lorsque la propriété est d'une étendue trop considérable pour entreprendre l'exploitation directe, surtout lorsque le travail a une valeur au moins aussi élevée que l'intérêt du fonds. C'est précisément ce qui a généralement lieu dans le Berry.

Le métayage est un système de culture à partage de fruits. Dans le Berry, le partage se fait le plus ordinairement à moitié fruits : le propriétaire fournit son domaine avec tout le mobilier nécessaire à son exploitation ; de son côté, le métayer supporte tous les frais de culture ; en un mot, c'est l'association du capital et du travail.

Ce mode de faire valoir est très-ancien ; M. le comte de Gasparin le fait remonter au temps des Romains ; il est si généralement répandu dans le Berry qu'on en porte le nombre aux neuf dixièmes des exploitations.

Tous les auteurs qui ont traité la question du métayage s'accordent à dire que les pays où il règne sont généralement arriérés en culture et peu avancés en civilisation. Cette opinion pouvait être vraie il y a une trentaine d'années;

alors que le manque de chemins et les difficultés de transports entravaient les communications et bornaient la production aux besoins des localités.

Mais cet état de choses n'existe plus ; des routes ont été ouvertes, des chemins vicinaux ont été créés, les débouchés sont devenus faciles et ont nivelé les prix de toutes les denrées agricoles.

De plus, les propriétaires s'occupent davantage de leurs propriétés, font des avances au sol et aux métayers, et par cela même augmentent et facilitent la production.

Mais, pour réaliser des améliorations sérieuses, une entente parfaite, une confiance mutuelle entre le propriétaire et le colon sont de toute nécessité ; chacun doit y apporter du sien et participer aux dépenses d'améliorations dans une juste proportion. C'est ce que comprennent parfaitement les propriétaires qui veulent sérieusement améliorer.

Avec un semblable système, les résultats ne jettent pas, surtout au commencement, beaucoup d'éclat ; les progrès sont un peu lents, mais ils sont plus sûrs et, par-dessus tout, ils n'exposent pas à de grandes chances de perte.

Nous citerons comme exemple les résultats obtenus par M. Damourette sur son domaine de Beaumont.

Division de la propriété. — La propriété de Beaumont a été achetée par M. Damourette vers la fin de l'année 1844.

A cette époque, elle se composait d'un domaine ayant 185 hectares de terres labourables, qui, conformément à l'usage du pays, étaient cultivées de la manière suivante : un sixième en jachère, un sixième en froment d'hiver fumé, un sixième en orge d'hiver ou de printemps, un sixième en avoine, deux sixièmes en friche pour le pacage des bêtes à laine.

Les bestiaux étaient, en 1844, aussi nombreux qu'aujourd'hui ; mais leur poids était beaucoup moindre et ils étaient fort mal nourris. Il est même étonnant que l'on ait pu parvenir alors à entretenir autant de têtes de bétail avec d'aussi faibles ressources.

Le métayer était si peu disposé à adopter les méthodes nouvelles qu'il a fallu le remplacer ; mais, quand même il aurait compris que sa culture était mauvaise, quand même il aurait été plus avancé que la plupart de ceux du pays, il n'aurait pu apporter aucune modification. Par son bail, il n'en avait pas le loisir ; en effet, ce bail, passé en 1836, portait :

« Art. 1er. Les preneurs seront tenus d'ensemencer les terres en temps et saisons convenables, *sans pouvoir les changer de réage.* »

Cette clause existe dans tous les anciens baux. Elle pouvait avoir sa raison d'être avant l'introduction de la culture des racines et des prairies artificielles; mais aujourd'hui elle a d'autant plus besoin d'être profondément modifiée qu'elle rend tous progrès impossibles, et cependant la force de l'habitude est tellement invétérée, que la plupart des notaires du Berry croiraient encore aujourd'hui manquer à leur devoir s'ils omettaient de mettre religieusement cette clause en tête des baux qu'ils sont appelés à faire.

Au surplus, ce n'est point aux notaires, mais aux propriétaires et aux fermiers entrants à indiquer eux-mêmes le mode de réage qu'ils entendent suivre, et à le faire insérer dans le bail ; et même nous pensons qu'il serait préférable de ne pas en parler du tout ; car, quel que soit le réage que l'on indique et aussi rationnel qu'il paraisse, il peut se faire que dans le courant d'un bail il convienne de le modifier.

Ce domaine, qui était exploité par le sieur Borgeais père, comportait, de plus, 13 hectares de prés naturels, dont plus de moitié était située au centre même de la propriété ; ils étaient mal soignés et ne produisaient que de l'herbe fort médiocre et en petite quantité.

La propriété se complétait d'une locature de quelques hectares exploitée par le sieur Not.

D'après un vieil usage très-répandu autrefois dans le pays, la locature avait le droit de faire pacager les animaux sur toutes les terres du domaine. Il résultait de cet usage que les intérêts du fermier de la locature et ceux du métayer étaient opposés, et que ce dernier ne pouvait en aucune manière modifier le système de culture qui lui était imposé par son bail et par l'usage de la locature.

Le premier soin de M. Damourette fut de supprimer la locature et de diviser la propriété en deux domaines complétement distincts l'un de l'autre ; car, en général, les exploitations sont trop grandes pour le capital que l'on y consacre, et il est préférable et plus avantageux de cultiver mieux sur une moindre étendue, que de vouloir, avec un faible capital, exploiter des grandes surfaces.

Lors de l'achat de Beaumont, cette propriété était morcelée et renfermait plusieurs enclaves, ce qui présentait une grande difficulté pour la culture et entravait les améliorations que M. Damourette projetait. Il s'occupa donc activement de faire cesser cet état de choses, et quoique la plupart du temps les échanges sont avantageux aux deux parties, ce n'est qu'après quinze années de persistance qu'il est parvenu à réunir la propriété en un seul tenant, et cela au moyen de cinquante-deux actes d'achat, de vente et d'échange, savoir :

15 actes d'achat ;
13 » de vente en détail d'un pré tourbeux pour jardins ;
24 » d'échange.

____

52 actes ensemble.

(Voir le plan de la propriété de Beaumont : 1° le 10 décembre 1844 ; 2° le 1er octobre 1860.)

Situation. — Les domaines de Beaumont sont situés au nord-est de Château-roux, à 5 kilomètres de cette ville, dans la plaine calcaire appelée Champagne du Berry.

Formation. — Le terrain appartient à la formation jurassique ; la partie calcaire est développée en masse considérable, et est formée d'assises nombreuses, mais peu épaisses, composées de pierres se détachant en feuillets unis et réguliers, ce qui leur a fait donner le nom de pierres lithographiques.

Nature physique. — La terre végétale est de nature diverse : dans quelques parties, la silice abonde, le sol est léger ; quelquefois l'argile est l'élément dominant, mais le plus souvent c'est un mélange d'argile et de calcaire qui constitue les terres fortes ; ces dernières forment la majeure partie de la propriété.

Composition chimique. — Les portions siliceuses et argileuses de la propriété, on le comprend, ont besoin, pour produire des céréales et des légumineuses, de l'élément calcaire ; mais ce qui n'est pas aussi saisissable, c'est que les terres formées en grande partie de calcaire réclament encore l'appui de cet élément ; cela tient à deux causes : 1° à ce que les pierres lithographiques qui forment la portion calcaire du sol se décomposent difficilement : le carbonate de chaux restant insoluble, l'absorption en est restreinte et les plantes souffrent de cette assimilation trop lente ; 2° à la culture épuisante à laquelle les terres étaient soumises depuis des siècles par les cultivateurs qui se sont succédé.

Économes jusqu'à la parcimonie de labours et d'opérations préparatoires, et plus avares encore de substances fertilisantes, ils enlevaient de cette couche végétale (qu'ils écorchaient à peine avec leurs instruments informes) tous les éléments nutritifs qu'elle pouvait contenir, sans jamais lui rendre même la moitié de ce qu'ils lui demandaient.

M. Damourette a ouvert plusieurs marnières sur la propriété et il a obligé les métayers à conduire, chaque année, 500 mètres cubes de marne. Il pense à employer la chaux sur ses terres.

Chemins. — L'établissement du chemin de fer, qui traverse la propriété, et l'ouverture de la route de Châteauroux à Lignières, a permis de modifier les chemins qui sillonnaient la propriété en tous sens. Pour faire ces changements il fallait le concours des administrations municipales des communes de Déols et de Montierchaume, qui, heureusement, étaient d'autant plus favorablement disposées que les nouvelles directions que M. Damourette se proposait de donner aux chemins, bien qu'elles fussent établies principalement en vue de la bonne division des domaines de Beaumont, de la bonne exploitation des champs, de leur assainissement, et surtout en vue des irrigations des prairies, n'étaient pas moins favorables aux terres des voisins auxquelles elles aboutissaient.

Les chemins qui traversent actuellement les domaines de Beaumont sont bien établis et parfaitement entretenus, et cela parce qu'au lieu d'être entretenus par la commune, ils le sont par les métayers.

Selon M. Damourette, les cultivateurs devraient entretenir eux-mêmes les chemins qui sont autour de leurs domaines, car ce sont eux qui les usent; en laissant ce soin aux communes, les chemins sont mal entretenus, parce que les prestations sont insuffisantes, et qu'au lieu d'entretenir continuellement et au fur et à mesure qu'il y a des dégradations, on est forcé d'attendre, et alors le mal s'est considérablement aggravé et exige des frais de réparations souvent hors de rapport avec les ressources dont la commune dispose ; tandis que si le cultivateur avait la charge d'entretenir, il n'attendrait pas la détérioration du chemin pour le réparer, et souvent ce travail se ferait sans débours, surtout dans les contrées où la pierre est commune et où les champs ont même besoin d'être épierrés.

Ce système, s'il se généralisait, améliorerait sans doute les chemins ruraux, mais la répartition équitable des charges d'entretien présenterait des difficultés, car il arrive fréquemment qu'un chemin sert plus à une propriété voisine qu'à celle qu'il traverse sur une assez grande étendue. Dans ce cas, qui se présente assez souvent, il serait assez difficile de mettre d'accord les intéressés ; toutefois, M. Damourette a donné un bon exemple en entretenant lui-même ses chemins, et il n'a qu'à se féliciter de son initiative.

Le long des chemins il a fait creuser plusieurs mares qui sont une précieuse ressource pour abreuver les bestiaux pendant l'été, et seraient d'un grand secours en cas d'incendie, alors que tous les fossés sont à sec.

Assainissement des terres. —Les pièces de terres humides ont été assainies au moyen de nombreuses rigoles dont les eaux s'écoulent dans des fossés de ceinture qui ont eu pour but de clore les terres en même temps que de les assainir. M. Damourette a aussi fait creuser plusieurs puisards qui absorbent les eaux et communiquent de la fraîcheur au sous-sol ; ce système ne peut toutefois être appliqué que dans des cas exceptionnels et lorsque la nature du sol et la configuration du terrain s'y prêtent.

Plantations, vignes, jardins. — Les anciennes plantations, établies sans ordre, occupaient beaucoup de terrain et donnaient peu de produits ; les arbres fruitiers étaient de mauvaises espèces peu productives ; les premières ont été remplacées par de l'ormeau, qui réussit bien dans la localité. Dans les parties où le sol était le plus convenable, on a planté du peuplier noir ; cet arbre présente bien, il est vrai, quelques inconvénients, cependant il donne en peu de temps du bon bois pour les constructions, et la feuillée, bonne pour les animaux, est souvent d'une grande ressource. M. Damourette a aussi fait planter, dans les parties basses, des saules que l'on exploite en têtards et qui sont destinés à fournir des bourrées ; il a aussi garni les domaines de pommiers à cidre qui sont déjà une précieuse ressource pour les métayers dans les années où le vin est cher.

Dans les allées qui traversent les parties calcaires, il a planté le noyer en alternant avec l'ormeau ; il a placé des arbres fruitiers d'espèces choisies dans le parc, dans les jardins et dans les vignes ; il a créé plus d'un hectare de vignes et il se propose d'étendre encore cette culture ; il a planté des treilles le long des bâtiments ; enfin, il a organisé un jardin potager dans chaque domaine, et chacun de ces jardins a été pourvu d'une citerne destinée à fournir l'eau nécessaire aux arrosages. Bien peu de fermes du département jouissent d'un semblable avantage.

Fig. 8. — Persienne pour bergerie.   Fig. 9. — Coupe d'une persienne.

Bâtiments. — Les anciens bâtiments étaient, comme la plupart de ceux que l'on rencontre dans les domaines du Berry, bas, humides, sans air. On a la malheureuse habitude de vouloir que les bêtes aient chaud, et pour leur procurer de la chaleur on les étouffe ; de là une foule de maladies. Le premier soin de M. Damourette a été de faire réparer les bâtiments qui étaient passables, de leur donner de l'élévation, de les assainir et de les aérer ; ces travaux, qui n'ont demandé que de faibles avances, ont suffi pour faire disparaître les fièvres. Il a ensuite fait construire de nouveaux bâtiments au fur et à mesure que le besoin s'en est fait sentir ; il a fait creuser des caves, élever des hangars à fourrages et construire des greniers à blé, aisances qui manquent dans presque tous les domaines du Berry. Ces constructions sont solidement établies et cependant elles sont faites avec la plus grande économie.

Il a fait établir des parcs devant les bergeries et il s'en trouve très-bien. Nous donnons ci-joint le dessin de fermeture des bergeries; ce système est simple, commode et peu coûteux; au moyen des fenêtres à persiennes, on modère le courant d'air à volonté, et on ne laisse pénétrer que ce qui est nécessaire pour le bon entretien et l'hygiène des animaux.

Il a encore fait élever très-économiquement, en employant des perches et de la paille de chaume, deux grands hangars qui permettent de mettre à couvert tout le matériel de l'exploitation.

Instruments aratoires. — Les instruments employés dans les métairies de Beaumont ne sont pas encore nombreux, mais cependant ils suffisent à la culture, et surtout ils sont bien choisis : M. Damourette a été aidé en cela par son fils, ancien élève de Grignon. Ces instruments consistent en de bonnes charrues et de bonnes herses, fabriquées dans le pays, deux machines à battre, une houe à cheval, des tarares, un trieur Vachon et un trieur Pernollet, des coupe-racines, un scarificateur, un buteur-rabot de raies, etc..... M. Damourette a l'intention de faire bientôt l'acquisition d'un hache-paille.

Mode d'exploitation. — Voulant conserver le métayage comme étant dans sa position le moyen de faire rapporter le plus à sa terre, il a fallu nécessairement qu'il en modifiât le système, d'autant plus que les métayers du Berry étant trop pauvres pour pouvoir faire eux-mêmes les améliorations foncières et les avances que nécessite une culture plus *active*, il faut nécessairement que le propriétaire intervienne s'il veut réellement améliorer. M. Damourette fit avec ses métayers un bail qui devrait être consulté par tous les propriétaires qui s'occupent de faire cultiver avec des métayers. Ce bail, en cinquante-quatre articles, est un véritable cours d'agriculture; il fut aidé dans la rédaction de cet acte par son fils. Voici la teneur de ce bail.

Analyse des principales conditions du bail donné par M. Damourette, propriétaire à Châteauroux, au sieur Renault, cultivateur, en date du 11 novembre 1854.

Le bail est consenti pour trois, six ou neuf années consécutives; il est résiliable, *au choix des parties*, à l'expiration de la troisième ou de la sixième année, en s'avertissant six mois à l'avance par acte extrajudiciaire.

L'entrée en jouissance a lieu pour la *cassaille* des terres le 23 avril 1855, et pour l'entière jouissance (sauf l'enlèvement des récoltes de l'année courante) le 24 juin 1855.

Suit la désignation des pièces de terre et des bâtiments.

Le bailleur se réserve :

1° Une remise dont il jouit actuellement ;

2° La jouissance d'une vigne nouvellement plantée ;

3° La jouissance exclusive de tous les bois taillis, *sans aucun droit de pacage au profit des fermiers* ;

4° La moitié de tous les fruits, y compris les noix et les pommes à cidre. Leur récolte doit être faite par et aux frais des preneurs, sans aucune indemnité.

Les huit premiers articles du bail comprennent le droit d'extraire du sable et des matériaux de construction ; la faculté de prendre jusqu'à 1 hectare de terre moyennant une indemnité de 24 francs pour l'hectare ; le droit de construire, de planter, de défricher, de créer de nouvelles prairies sans indemnité ; le droit de faire extraire du minerai de fer, de la marne, etc.; celui de vendre, d'acheter et d'échanger les terres moyennant augmentation ou réduction du prix du bail, calculée sur le taux de 3 0/0 ; indiquent les conditions d'exploitation des haies et des têtards, qui sont d'ailleurs celles en usage dans le pays ; enfin l'obligation d'entretenir les bâtiments du domaine en bon état de réparations locatives.

Les articles 9, 10 et 11 imposent au preneur l'obligation d'entretenir les prés nets d'épines et de taupinières et à faux courante, d'arroser à fond les prés irrigables aussi souvent que possible et qu'il sera nécessaire de le faire, et d'entretenir bien clos tous les héritages qui ont coutume de l'être.

Par les articles 12 et 13, les preneurs sont tenus de veiller avec soin à ce que les bestiaux et surtout les bêtes à laine ne détériorent pas les plantations, principalement celles nouvellement faites.

Ils les dispensent du curage des fossés ; mais si le bailleur les fait curer à ses frais, ils sont tenus de conduire les curures de ces fossés dans les terres ou dans les prés. Le bailleur se réserve le droit de faire tailler les buissons, qui devront, après cette opération, être entretenus par les preneurs, conformément aux instructions qui leur sont données.

Art. 14. — Les preneurs cultiveront, fumeront et ensemenceront les terres en temps et saisons convenables, sans pouvoir *les surcharger ni les doubler*.

Art. 15. — Ils emploieront à leur amendement tous les fumiers et engrais qui se feront dans le domaine, sans pouvoir en vendre ni détourner, non plus qu'aucune partie des fourrages, naturels ou artificiels, pailles ou litières.

Ils ne pourront non plus vendre ni détourner aucune plante ou racine fourragère destinée à la nourriture des bestiaux.

Art. 16. — Tous les fumiers seront employés sur la sole de froment d'hiver, qui se partagera entre le bailleur et les preneurs ; il ne pourra en être distrait que pour le jardin, les betteraves, les topinambours et les choux-vaches, si ce n'est d'un commun accord entre les parties.

Les fumiers seront sortis des bergeries au moins quatre fois par an.

Art. 17. — Si le bailleur juge à propos d'acheter à Châteauroux des fumiers ou des cendres, les preneurs devront charger, transporter et épandre ces engrais sur les terres ou les prés que le bailleur leur indiquera.

Art. 18. — Sur la contenance de 71 hectares environ de terres en culture, il sera mis hors d'assolement environ 8 hectares, qui seront chaque année ensemencés ainsi qu'il suit :

1° 50 ares environ tant en choux-vaches que topinambours ;

2° 1 hectare 50 ares en betteraves, lesquelles seront fumées, cultivées et récoltées par les preneurs ;

3° 4 hectares 50 ares en luzerne ; les luzernes seront faites après les betteraves, sur un premier blé et sur terres bien propres. Pour remplacer les luzernes prêtes à venir à fin, les preneurs feront, par chaque période de trois ans, au moins 1 hectare 50 ares de luzernes nouvelles.

Il sera fait de l'avoine sur les luzernes défrichées, et les céréales faites avec ou après les luzernes seront comprises dans la quantité indiquée article 19.

Les betteraves seront binées avec soin au moins deux fois ; les binages à la houe à cheval seront donnés par les preneurs et à leurs frais ; le bailleur fera donner à ses frais le complément de ces binages ; il aura la faculté de charger les preneurs de ce travail en leur donnant une indemnité de 50 francs par hectare et par an.

La façon des silos pour garantir les racines sera à la charge des preneurs.

Art. 19. — Les 63 hectares restants seront divisés en six soles à peu près égales. Ces six soles seront soumises à l'assolement suivant :

Première année . Jachère fumée.

Deuxième année : Froment d'hiver.

Troisième année : Une partie de cette sole formant environ 7 hectares sera ensemencée en fourrages artificiels mélangés, tels que trèfle, sainfoin, luzerne, minette, ray-grass et autres graminées, etc.; ces fourrages dureront ordinairement deux ans.

La première année ils seront fauchés et seront défrichés au bout de la deuxième année.

Le surplus de cette sole formant environ 3 hectares 50 ares sera ensemencé en trèfle incarnat, seigle pour être mangé en vert, gesse, vesce d'hiver ou de printemps, etc.

Quatrième année : Il sera fait, s'il est possible, une coupe sur les 7 hectares de fourrages bisannuels, lesquels seront ensuite soumis au pacage ; quant aux 3 hectares 50 ares ensemencés en fourrages annuels, ils seront ensemencés en blés noirs pour les porcs, pois, pommes de terre, betteraves ou colza, etc.

Cinquième année : Céréales soit d'hiver, soit de printemps, autres que l'avoine ; c'est dans cette sole que les preneurs feront leur seigle, sauf par eux à employer le guano.

Sixième année : Avoine soit d'hiver, soit de printemps.

Les preneurs devront rendre les terres à leur sortie d'après cet assolement ; ils devront aussi laisser, à leur sortie, les quantités de prairies artificielles énoncées ci-dessus en bon rapport, sans avoir à prétendre à ce sujet aucune indemnité.

Il ne sera employé pour semences que des blés de première qualité provenant autant que possible des blés pris hors du domaine.

Les preneurs seront autorisés à faire, à la fin de l'assolement, deux céréales de suite ; ils ne pourront pas faire plus de trois céréales en six ans dans le même terrain.

Art. 20. — Les preneurs feront, avant le 24 juin de l'année de leur sortie, une coupe de luzernes et de trèfles et autres fourrages, qui appartiendra, savoir : trois quarts aux fermiers entrants et un quart aux fermiers sortants ; les frais de récolte se partageront entre eux dans la même proportion. Les fermiers sortants ne pourront enlever la portion de fourrages qui n'aura point été consommée ; ils la laisseront aux fermiers entrants, qui leur en tiendront compte aux prix d'estimation fixé par les experts, sans que ce prix puisse dépasser 20 francs les 1,000 kilogrammes.

Art. 21. — Les fermiers entrants auront le droit de faire, dès le mois d'octobre qui précédera la sortie des preneurs, les labours nécessaires pour la culture de la betterave et celle de la jachère. Dès le mois de février, ils pourront effectuer les semis qu'ils croiront convenables en betteraves et plantes fourragères de différentes sortes, nécessaires pour l'alimentation des bestiaux. Ils pourront aussi disposer, à la même époque, de la moitié du jardin affermé pour le mettre en culture.

Art. 22. — Les graines des prairies artificielles (luzernes, sainfoins, vesces d'hiver et de printemps, minettes, pimprenelles et autres) et celles des racines ou plantes fourragères (choux-vaches, topinambours et autres) seront payées, moitié par le bailleur, moitié par les preneurs.

Il ne sera employé que de la graine de luzerne de Provence.

Quant à la graine de trèfle de la première année, elle sera prise à Strasbourg et payée moitié par le bailleur, moitié par les preneurs.

La graine de trèfle des années suivantes sera fournie par les preneurs seuls.

La graine de betteraves devra être récoltée sur la propriété.

Les luzernes, trèfles, vesces, gesses et autres plantes de la famille des légumineuses seront plâtrés à raison de 2 hectolitres par hectare.

Les frais d'achat seront supportés par moitié. Le plâtre sera amené sur place et répandu par les preneurs.

Ces mêmes conditions sont applicables pour l'achat et l'emploi du guano.

L'art. 23 interdit aux preneurs de labourer leur jardin à la charrue ; d'envoyer les oies dans les prairies naturelles ou artificielles ; d'envoyer les bestiaux dans les prés et pacages lorsqu'ils ne sont pas suffisamment secs, et d'avoir des chèvres.

L'art. 24 oblige de conduire annuellement au moins 200 mètres cubes de marne sur les jachères et de l'épandre sur les terres à raison de 60 mètres cubes par hectare ; la marne sera prise dans la dépendance de la propriété. Les preneurs pourront marner par anticipation ; mais par contre, dans le cas où ils ne pourraient accomplir cette charge dans le cours d'une année, ils seront obligés de cumuler avec l'année suivante.

L'extraction de la marne et le chargement restent au compte du propriétaire seul.

La pierre triée sera conduite sur les chemins et sera comprise dans le cubage de la marne.

L'art. 25 comprend l'obligation par les preneurs de transporter à pied d'œuvre avec les bestiaux et les charrettes du domaine, et sans indemnité, les matériaux nécessaires pour les constructions, les reconstructions, les grosses et les menues réparations ; ils doivent en sus, au profit du bailleur, quatre charrois d'une voiture à trois chevaux, ou l'équivalent en transports de toute autre nature.

Les art. 26 à 32 imposent aux preneurs l'obligation de curer et nettoyer les arbres fruitiers, de faire du guéret autour des arbres forestiers et fruitiers, et de laisser sans être labouré ni ensemencé 1 mètre carré au moins au pied de chaque arbre forestier, et 1^m,50 de long sur autant de large au pied de chaque arbre fruitier ; de planter annuellement et aux endroits indiqués par le bailleur six arbres fruitiers, dont l'achat sera fait moitié par le bailleur, moitié par les preneurs ; de faire assurer leurs récoltes contre la grêle, et de faire assurer contre l'incendie leurs grains, récoltes, chevaux, instruments aratoires et autres valeurs, le tout à leurs frais ; de faire assurer également contre l'incendie les bestiaux formant le cheptel à moitié, mais le bailleur paiera la moitié des frais de cette assurance ; de ne pouvoir sous-louer ni céder tout ou partie de leur bail, ni associer personne sans la permission expresse du bailleur, sous peine de dommages et intérêts, de la nullité des cessions et même de la résiliation du bail ; enfin l'art. 32 leur défend d'arracher ou de couper par pied ou par cime aucun arbre vivant ou mort. Les preneurs profiteront des émondages, dont le feuillage servira à la nourriture des bêtes à laine, conformément à l'usage ; l'émondage sera divisé en coupe réglée, les ormeaux seront ébranchés par quart d'année en année et tous les quatre ans.

Art. 33. — Les preneurs ne pourront prétendre à aucune indemnité ni diminution du prix du bail ci-après fixé, pour quelque cause que ce puisse être, pas même pour vimaires totales ou partielles, pour grêle, gelée, sécheresse, incendie, inondation, stérilité, mortalité de bestiaux et autre cas fortuits imprévus.

Cette clause ne pourra être réputée comminatoire, étant au contraire de toute rigueur, attendu que si les preneurs ne s'y fussent soumis expressément, ce bail ne leur eût point été consenti, et que le prix des fermages a été fixé en cette considération.

Les art. 34 à 37 réservent le droit de chasse, une place dans l'écurie du domaine pour les chevaux du bailleur ou des personnes de sa maison, l'obligation de nourrir les chevaux avec du foin et de leur faire la litière ; laissent

à la charge du preneur seul les dépenses du charron, du maréchal et du bour-
relier, ainsi que toutes les autres dépenses de culture et d'exploitation ; réservent
aux preneurs, à leur sortie, le droit de conserver une chambre d'habitation,
de mettre deux chevaux à l'écurie et de faire battre leurs grains au moyen de
la machine à battre dans l'intervalle du 24 juin de l'année de leur sortie jusqu'au 25 décembre suivant.

Art. 38. — Toutes espèces de semences de gros et menus blés seront four-
nies par les preneurs seuls, en sorte que la moitié du bailleur, dans les
froments d'hiver fumés, lui appartiendra chaque année franche desdites semences.

Les personnes qui seront employées à la coupe et à l'amas des blés seront
nourries et payées en totalité par les preneurs, sans aucune espèce de répétition contre le bailleur, qui sera obligé de fournir pendant le temps de la moisson des gros blés seulement un homme compteur, qui travaillera à ladite
moisson autant qu'il ne sera pas occupé à compter les gerbes appartenant au
bailleur ; cet homme sera nourri par les preneurs et payé par le bailleur.

Ces gros blés se partageront à la gerbe dans les champs, et la moitié desdits blés revenant au bailleur sera conduite par les preneurs avec les bestiaux
et les charrettes du domaine dans la grange réservée au grand domaine ; les
preneurs seront tenus, en faisant ladite conduite, de faire alternativement un
charroi pour le bailleur et un pour eux ; ils fourniront aussi, sans indemnité,
deux chevaux, un charretier et un homme pour le battage des blés revenant au
bailleur et pour le transport d'une gerbe dans l'autre.

Le bailleur reste chargé du surplus de la main-d'œuvre, tant du battage que
du vannage des grains ; il ne contribuera en rien aux frais d'usure et d'entretien de la machine à battre.

Art. 39. — Les preneurs seront chargés à leur entrée en jouissance d'un
fonds de cheptel de fer, sans perte ni gain, pour le bailleur, selon l'estimation
qui en sera faite soit à l'amiable, soit par experts, lequel cheptel se compose :

1° De chevaux, colliers, harnais, charrettes, charrues, herses, rouleaux et
autres ustensiles ;

2° Des fumiers et des pailles, sauf les pailles des récoltes qui seront sur pied
au 24 juin 1855, conformément à l'article 49 ;

3° Des râteliers à augettes et autres placés dans les bergeries.

Ils seront aussi chargés, toujours à titre de cheptel de fer, des deux cinquièmes de la valeur de la machine à battre et d'une houe à cheval, les trois autres cinquièmes restant à la charge du fermier du grand domaine (1).

Les preneurs seront également chargés d'un fonds de cheptel à moitié profit et perte, entre le bailleur et les preneurs, consistant en bêtes à laine, bœufs, vaches, veaux, velles, taures et taureaux, lequel sera estimé soit à l'amiable, soit par experts ; la valeur de ce cheptel sera de 3,000 à 3,500 francs. Ils seront tenus d'avoir habituellement quatre chevaux et quatre bœufs de travail.

Art. 40. — Dans le but d'améliorer la bergerie, il sera fait des croisements au moyen d'agneaux ou béliers de la race dite de Crevant, achetés à cet effet, et provenant des meilleures bergeries du pays.

Il sera acheté dans un court délai au moins vingt vassives de la race dite de Crevant. Les agneaux seront châtrés à l'âge d'environ trois mois, au moyen du procédé usité à Grignon. Les betteraves seront données de préférence aux mères brebis ; il n'en sera pas donné aux agneaux.

Art. 41. — Les laines tant grandes qu'écouailles, le croît et les autres produits des bestiaux qui composent le cheptel à moitié, se partageront annuellement par moitié entre les preneurs et le bailleur ; à l'égard de la laine des agneaux, elle appartiendra en totalité aux preneurs, qui ne pourront, dans aucun temps et sous aucun prétexte que ce soit, disposer, par vente ou autrement, d'aucune des bêtes du cheptel à moitié sans le consentement du bailleur.

Les preneurs seront chargés de la conduite des laines au domicile du bailleur sans indemnité.

Les articles 42 à 45 indiquent qu'il sera fait au moins un élève par an à la

---

(1) Conformément au procès-verbal en date du 24 juillet 1855, le fonds du cheptel de fer, sans perte ni gain, se composait de :

1° Divers objets... Fr.	1,528 50
2° Fumiers, paille...	745 05
3° Garniture de bergerie, augettes, etc.	85 »
2/5e de la valeur de la houe à cheval	14 »
Il a été acheté par M. Damourette une nouvelle machine à battre pour l'usage du petit domaine, dont le prix coûtant est de...........................	680 75
Le cheptel à moitié se composait de deux vaches.....................	430 »
Bêtes à laine, pour	2,972 50
Ensemble................... Fr.	3,402 50

vacherie, et que les veaux ne seront pas vendus avant l'âge de six semaines ;
obligent les preneurs de laisser à leur sortie dans le domaine des objets et des
animaux des mêmes espèces, et à peu près pour une même valeur que ceux
qu'ils ont reçus ; ils leur interdisent de se faire fournir des bestiaux par qui
que ce soit autre que le bailleur ; les obligent de porter tous leurs soins au
cheptel à moitié, et de le gouverner en bon père de famille.

Par l'art. 46, il est expressément convenu qu'en cas de perte totale des bestiaux qui composent le cheptel à moitié profit et perte, même sans la faute des
preneurs, la perte n'en sera pas moins supportée par moitié, et ce par déro-
gation à l'art. 1810 du Code Napoléon.

Art. 47. — En cas d'insuffisance de foin et autres fourrages pour la nourriture desdits bestiaux, ceux qu'il conviendrait d'acheter le seront en totalité par
les preneurs, sans aucune répétition contre le bailleur.

Par l'art. 48, le bailleur se réserve d'acheter plusieurs instruments qu'il croit
convenables, nécessaires et d'un emploi économique pour les preneurs ; il
désigne, entre autres, un trieur, un scarificateur, une charrue sous-sol, etc.
Ces instruments serviront aux deux domaines dans les conditions précédemment
indiquées.

Art. 49. — Les preneurs restent chargés de toutes les balles, vantins, foins naturels et artificiels, guérets, louets et surlouets qui se trouvent dans le domaine,
le tout sans aucune estimation ; ils rendront ceux des mêmes objets qui se trouveront à leur sortie par représentation et sans estimation, sauf ce qui a été dit
à l'art. 20 ; ils prendront par estimation les fumiers existants à leur entrée en
jouissance ; ils les rendront de même à leur sortie ; ils prendront et rendront
de la même manière les pailles provenant de la dernière récolte et laissées
par les fermiers sortants ; quant aux pailles pendantes par racines, elles seront
prises et rendues par représentation.

L'art. 50 oblige de couper les récoltes le plus près possible du sol, et
l'art. 51 dit qu'il sera fait un état des lieux dans le courant de la première
année de jouissance.

L'art. 52, sous le titre de *menus suffrages*, indique que les preneurs fourniront tous les ans au domicile du bailleur, dans l'intervalle du 29 septembre au
25 février, à sa première demande, cent bottes de paille de froment d'hiver
du poids de 6 kilogrammes chacune, 2 kilogrammes de beurre frais, quatre
dindes, trois oies grasses, quatre canards, huit poulets.

Art. 53. — *Prix du bail.* En outre ce bail est fait :

1° Moyennant la somme de 350 francs en argent pour les trois premières années du bail ; 400 francs pour les trois années suivantes, et 500 francs pour les trois dernières années ;

2° La moitié de tous les froments d'hiver fumés, laquelle sera prise et perçue de la manière sus-expliquée, sur une surface de 10 hectares 50 ares ;

3° Et la quantité de soixante doubles décalitres d'avoine.

Art. 54 et dernier. — Les preneurs s'obligent solidairement entre mari et femme au paiement de toutes les redevances tant en nature qu'en argent, etc.

(Suit l'évaluation pour l'enregistrement, l'élection de domicile, etc.)

Si nous comparons ce bail au précédent, rédigé suivant les usages du pays et comprenant la location des deux domaines de Beaumont, nous remarquons d'abord que la manière dont la culture est indiquée doit donner lieu à des discussions continuelles entre le propriétaire et le fermier. En effet , voici comment est rédigé l'article 2, le seul où il soit question de la manière de cultiver :

Les preneurs seront tenus de bien et dûment cultiver, fumer et ensemencer les terres, en temps et saisons convenables, sans pouvoir les surcharger, doubler ni changer de réages, et d'ailleurs ils y emploieront tous les fumiers et autres engrais qui se feront annuellement dans lesdites métairies, sans pouvoir en vendre ni détourner aucun, non plus qu'aucuns fourrages ; d'avoir toujours en valeur 4 hectares au moins de prairies artificielles qui seront semées avec les orges immédiatement après les blés.

Or, ce bail était consenti, indépendamment de la moitié, perte ou bénéfice, du cheptel vivant :

1° Moyennant une somme en argent ;

2° La moitié de tous les blés d'hiver fumés ;

3° 37 hectolitres 50 litres d'avoine ;

4° 5 hectolitres orge ;

5° Menus suffrages consistant en paille, beurre, dindes, oies et poulets.

Comme on le voit, rien n'est défini, quant aux surfaces à emblaver et à la rotation d'assolement , et cependant cette rédaction est à peu près généralement adoptée par les notaires, et elle est rarement plus claire et plus complète ; il en résulte que le fermier, qui ne considère le plus ordinairement que le présent, et qui ne se soucie pas de l'avenir sur lequel il compte peu, fait moins de blé , et le fait dans de mauvaises conditions ; par contre il soigne mieux et augmente ses emblavures en avoine et en orge, dont le produit n'est pas à partager avec le propriétaire ; ensuite il fait peu de prairies artificielles et pas de racines, parce qu'il ne peut pas vendre de fourrage, et que la culture des racines est trop onéreuse. Finalement il entretient moins de bestiaux qu'il devrait le faire, et les nourrit mal, par conséquent il fait peu de fumier, et comme malgré cela il tire de la terre le plus de grains possible, le sol s'appauvrit, et bientôt, au lieu de l'aisance et de la prospérité, il voit arriver la misère et la pauvreté ; enfin il se ruine en même temps qu'il ruine la propriété.

La culture par le métayage peut être productive, mais ce n'est qu'à la condition que le propriétaire vienne en aide au métayer et par ses capitaux et par ses conseils ; laissé à ses propres ressources et sans direction, il ne saurait que ruiner les terres qu'il exploite et vivre misérablement.

Comme on le voit, M. Damourette a, dès le principe, complétement renoncé à l'ancien système de culture, et s'est attaché tout particulièrement à multiplier les moyens de nourriture pour les bestiaux en contribuant pour une part dans les frais de culture.

Ainsi, pour les prairies artificielles, il paie une partie des graines et la moitié du plâtre ; il paie tous les frais de binages pour les racines, et il supporte aussi une partie des frais de marnage.

Les betteraves, les luzernes et les vesces d'hiver réussissent bien, la récolte des trèfles n'est pas aussi assurée ; cette année, M. Damourette a essayé des fourrages mélangés : nous pensons qu'il réussira et que le produit sera plus important que celui des mêmes fourrages semés séparément. Nous avons été à même de constater la réussite des mélanges pour fourrages, chez un grand nombre de cultivateurs qui cultivent des terres de la même nature que celles de Beaumont ; les métayers ont commencé à faire consommer des fourrages verts par leurs bestiaux.

Écuries. — En 1844, la culture de la propriété de Beaumont exigeait cinq chevaux de trait et quatre bœufs de travail.

Aujourd'hui les métayers emploient onze et douze chevaux ; deux machines à battre, le transport de la marne, les forcent à les faire travailler presque constamment, tandis qu'autrefois ils laissaient reposer, en hiver, les chevaux pendant un mois au moins.

Vacherie. — Tout en diminuant l'importance des vacheries, dans les deux domaines, M. Damourette a fait tous ses efforts pour augmenter la production, autrefois presque nulle, du lait nécessaire à l'alimentation des métayers.

Ceux-ci l'ont puissamment secondé dans cette tâche, entreprise surtout dans leur intérêt ; les vaches sont mieux soignées, mieux nourries, et elles fournissent constamment du lait, et même assez pour permettre aux métayers de vendre sur le marché de Châteauroux du beurre, qui y trouve toujours un débouché facile et des prix fort avantageux.

Bêtes à laine. — Mais tous les soins, tous les sacrifices ont pour but l'amélioration des bêtes à laine, qui est dans la Champagne du Berry la plus importante et à peu près la seule spéculation animale.

La race anglaise south-down et la race de la Charmoise ont été introduites dans le Berry, et les croisements qui en sont résultés ont été diversement appréciés : les uns donnent la préférence au south-down; les autres, au contraire, préfèrent la race de la Charmoise. M. Damourette a mieux aimé conserver la race du pays, qu'il a améliorée par sélection : la race berrichonne est acclimatée, sa laine se vend facilement, sa viande est très-estimée ; en agissant ainsi, il a peut-être eu moins de bénéfices, mais par contre il n'a couru aucun risque. Pour opérer l'amélioration de son troupeau par la sélection, il a d'abord acheté de bons béliers de la sous-race de Crevant, ainsi que quelques bonnes brebis, et

Fig. 10. — Bélier race du Berry.

au moyen d'une nourriture convenable et de soins mieux entendus que ceux dont on entoure généralement les moutons , il est arrivé à un excellent résultat.

Le produit de la bergerie s'est accru d'une manière très-sensible ; dans les premiers temps, il perdait beaucoup de bêtes, tandis qu'aujourd'hui les pertes sont si peu sensibles, qu'elles ne doivent pas entrer en ligne de compte.

Dans les premières années, il vendait ses agneaux à 8 francs la paire, et ses moutons à 17 francs la paire.

Aujourd'hui, il vend ses agneaux, âgés de dix mois, de 18 à 20 francs la paire en moyenne. Cette année, le prix moyen a atteint 24 et 25 francs la paire.

L'un des métayers a même vendu les siens au prix moyen de 26 francs, et il s'est aperçu qu'il aurait pu obtenir un prix encore plus élevé, si ses animaux avaient été castrés, contrairement à l'usage reçu dans le pays. Sur sa demande, le propriétaire lui a donné toutes les indications qui lui étaient nécessaires, et tous les agneaux nés à la fin de 1860 viennent d'être castrés. C'est bien probablement la première fois qu'un métayer berrichon a pratiqué cet excellent usage.

Le métayer de Beaumont a ainsi prouvé une fois de plus que ces paysans, généralement regardés comme arriérés et routiniers, ne le sont plus quand leurs intérêts sont en jeu, et quand le propriétaire leur donne les moyens de modifier les anciennes coutumes de leurs ancêtres.

Les vieilles brebis ont été vendues :

En 1852...	8 25 la paire.	En 1857...	17 » la paire.
1853...	10 » —	1858...	20 » —
1854...	12 » —	1859...	22 » —
1855...	14 50 —	1860...	23 50 —
1856...	16 » —		

On voit par ces chiffres que le résultat a été aussi beau qu'on pouvait l'espérer.

Porcherie. — D'après tout ce que nous avons dit, il est facile de comprendre qu'il se consommait bien peu de viande à Beaumont en 1844 ; aujourd'hui, les métayers engraissent chaque année quatre porcs destinés à leur alimentation, et tous les jours cette alimentation tend à s'améliorer encore.

Les métayers de Beaumont ont reconnu que les espèces perfectionnées s'engraissent avec plus de facilité et d'économie. Aussi ont-ils toujours le soin, lors de leurs achats, de choisir des animaux de races améliorées.

Céréales. — Le rendement en céréales a suivi la même progression que les autres récoltes ; les terres étant assainies, mieux fumées et surtout mieux travaillées, le produit a considérablement augmenté ; en comparant les dernières années avec les premières, l'augmentation a été d'un quart à un tiers.

Prairies naturelles. — *Irrigations.* — Lors de l'achat de Beaumont en 1844, il n'y avait au milieu des terres de la propriété que 6 hectares de mauvais prés, arrosés pendant une petite partie de l'hiver par un mince filet d'eau. Après de nombreuses investigations, la quantité d'eau a pu être augmentée de celle fournie par deux petites sources découvertes, à force de recherches, sur la propriété. Cependant, la quantité d'eau était encore très-insuffisante pour faire une irrigation profitable, et M. Damourette reconnut que, pour les irrigations qu'il voulait faire, il fallait compter principalement sur les eaux d'égout provenant des terres supérieures qui, entraînant avec elles les principes les plus actifs contenus dans les fumiers, sont par cela même excellentes pour l'arrosement des prairies.

En conséquence, il fit faire le nivellement de la partie basse de sa propriété, et reconnut qu'il pouvait augmenter considérablement l'étendue de ses prés, et qu'au moyen d'un barrage qui retiendrait les eaux, il pourrait les immerger pendant le laps de temps voulu pour qu'elles déposassent sur le sol le limon dont elles seraient chargées.

Il fit, comme nous l'avons déjà dit, faire des travaux de recherches, et découvrit les sources A et I, pl. 2, dont les eaux s'écoulent dans la rigole D, qui est établie de niveau à la tête supérieure des fossés, sous le chemin de grande communication. On a ouvert les aqueducs B et C, par lesquels passent les eaux d'égouttement des terrains supérieurs. Ces eaux se rendent également dans la rigole D. Dans le thalweg, on a établi des rigoles d'égouttement G, qui peuvent être barrées par les empellements E, qui permettent de retenir les eaux de distance en distance. Les chaussées H et L forment barrage, et permettent de retenir les eaux sur les prés aussi longtemps qu'on le désire. Lorsqu'on ne veut pas arroser, les eaux s'écoulent par les fossés D et K qui bordent les prés. Des abreuvoirs pour les bestiaux ont été établis aux points M.

Ces travaux et des fumures en couverture ont permis d'améliorer considérablement ces prairies. Elles sont devenues de bonne qualité, donnent des fourrages abondants et excellents, et leur étendue pourra probablement être portée de 6 hectares à 12 ou 15.

L'amélioration de ces prés, leur extension, ont permis à M. Damourette de vendre en détail une prairie tourbeuse qui ne donnait que du foin de qualité tout à fait inférieure. Dans les mains des maraîchers de Déols, la commune voisine, cette mauvaise prairie fera d'excellents jardins potagers.

Ces résultats font vivement regretter à M. Damourette que l'on ne s'occupe pas davantage d'irrigations en France.

Bois. — Les 20 hectares de bois taillis dépendant de la propriété sont bien soignés ; ils poussent vigoureusement et sont aménagés en coupe réglée.

Pisciculture. — M. Damourette a essayé un peu de pisciculture ; il a fait venir de Nantes des petites anguilles, dites *civelles*, et les a mises dans les mares ou abreuvoirs à bestiaux qui contiennent toujours de l'eau ; cette expérience paraît être en bonne voie.

Au concours national de 1860, M. Damourette avait exposé :

1° Des anguilles dites civelles au moment de leur arrivée de Nantes ;

2° Des anguilles âgées d'un an ;

3° — de dix-huit mois ;

4° — de trois ans.

Les premières étaient de la grosseur d'une petite ficelle et de la longueur du doigt ; les secondes mesuraient environ 5 centimètres de longueur et 2 centimètres 1/2 de circonférence ; les troisièmes mesuraient environ 25 centimètres de longueur et 3 centimètres 1/2 de circonférence ; les quatrièmes mesuraient environ 45 centimètres de longueur et 9 centimètres de circonférence.

Le jury a accordé à M. Damourette une médaille d'argent.

Revenu de la propriété de Beaumont. — En 1845, il y a eu des pluies abondantes ; les métayers de Beaumont manquaient de fourrages et envoyaient leurs moutons pacager dans des champs imprégnés d'eau. L'année suivante, la cachexie aqueuse fit de grands ravages et ils perdirent une partie des bêtes à laine. Le produit du troupeau s'est ressenti de cette perte : la part revenant au propriétaire ne s'est élevée, pour 1845 et 1846, qu'à 736 fr. 72 par an, chiffre inférieur au revenu ordinaire.

De 1846 à 1852, le revenu a été, en moyenne, de 1,221 fr. 67 ; c'était à peu près ce que touchait annuellement M. Théodore Patureau, précédent propriétaire.

Le revenu, pour la moitié, du propriétaire, dans les laines et bestiaux, s'est élevé, de 1852 à 1857, à 1,890 francs, et en 1858 et 1859, à 2,052 francs, déduction faite des frais pour le plâtre, les graines, les façons de betteraves, etc.

Quant aux blés d'hiver, le propriétaire a eu, pour sa moitié, savoir :

En 1845................... 761 doubles décalitres froment et seigle.
En 1846.................. 675   —   —
Moyenne........... 718   —   —
En 1858................... 948   —   —
En 1859.................. 954   —   —
Moyenne........... 951   —   —

M. Damourette ne cultive plus de seigle ; il a aujourd'hui moins de terre en culture qu'en 1845 et 1846 ; cependant il obtient par an, en moyenne, 223 doubles décalitres froment de plus qu'en 1845 et 1846.

En 1844, le revenu annuel de Beaumont était à peine de..... fr. 5,500 »
soit environ 25 francs par hectare.

En 1858 et 1859, la moitié revenant au propriétaire, pour les laines et bestiaux, s'est élevée chaque année à..... fr. 2,052 »
De 1846 à 1852, le produit a été de............ 1,221 67

Différence en plus.............. 830 33   830 33

Il y a à ajouter, sur les blés, 233 doubles décalitres, à 3 fr. 85... 873 75

Ainsi, le revenu du propriétaire est aujourd'hui de......... 7,204 08
soit environ 32 francs par hectare.

M. Damourette croit même que ses évaluations sont plutôt au-dessous qu'au-dessus de la vérité.

Pour déterminer d'une manière exacte l'augmentation de revenu obtenue à Beaumont depuis 1847, il faut ajouter à la somme énoncée ci-dessus la part revenant aux deux métayers dans les produits annuels, ce qui porte l'augmentation totale à plus de 3,000 francs par an.

Cette différence serait encore plus forte si ces calculs avaient pour base les revenus de 1860. En effet, dans le cours de cette dernière année, la part du propriétaire dans les laines et bestiaux a été de 2,311 fr. 92, et cette augmentation est d'autant plus sensible que l'un des métayers a remboursé, sur les cheptels de fer, une somme de 925 francs qui ne produisait rien au propriétaire et dont, à l'avenir, les intérêts viendront encore accroître le revenu.

Quant aux céréales, la part du propriétaire, en blé d'hiver, dépassera 1,100 doubles décalitres, produits par 403 douzaines 1/2 de gerbes, ce qui représentera, par hectare, un rendement d'environ 450 gerbes, et 85 doubles décalitres, ou 17 hectolitres.

Dans une note sur les baux à moitié dans les domaines de Champagne, présentée le 13 avril 1852 à la Société d'agriculture de l'Indre, et insérée dans les *Annales* de cette Société, année 1852, M. Damourette s'exprimait dans les termes suivants :

« Les terres, en Champagne, rapportent environ 20 à 28 francs par hectare, mettons une moyenne de 24 francs ; en six ans, elles donnent une bonne récolte de froment, une autre récolte de céréales moins bonne, une récolte d'avoine presque toujours médiocre ; pendant trois ans elles ne donnent rien, si ce n'est un peu de pacage pour les bêtes à laine.

» Si l'on parvient à faire produire le sol quatre et même cinq fois au lieu de trois, et surtout si, en fumant mieux, on parvient à avoir de meilleures récoltes, l'hectare de terre pourra, avec l'aide du temps, rapporter 32 francs, et même 40 francs, au lieu de 24 francs.

» Cette supposition ne nous paraît avoir rien d'exagéré. En Beauce, le prix de ferme est ordinairement de 60 à 80 francs ; quelquefois, il va beaucoup au delà. »

C'était la théorie. Nous avons vu la mise en pratique du système que M. Damourette recommandait alors, et les résultats qu'il a obtenus.

Les améliorations foncières de toute espèce, consistant en bâtiments, chemins, fossés, irrigations, travaux d'assainissement, etc., etc., ont coûté environ 25,000 francs.

La plus grande partie de ces dépenses a été faite par le propriétaire ; les charrois ont été faits par les métayers.

Ce qui est pour nous la considération principale, qui nous fait regarder la culture de Beaumont comme une agriculture modèle, c'est le chiffre élevé du produit du bétail ; en effet, toute agriculture qui sera basée sur les spéculations animales, dans ce pays surtout, est une culture solide, durable, et la seule réellement profitable.

Nous voyons, dans les chiffres de M. Damourette, le produit des bêtes à laine monter de 736 fr. 72 à 1,221 fr. 67, pour arriver, dans ces dernières années, à la somme de 2,052 francs, c'est-à-dire presque trois fois autant ; cela prouve que M. Damourette a plus de bestiaux et qu'il les nourrit plus abondamment, qu'il fait consommer plus de fourrages et produit par conséquent plus d'engrais. Pour atteindre ce résultat, il se livre à l'élevage des moutons ; ces animaux sont, pour les conditions de climat et de terrain de Beaumont, ceux qui conviennent le mieux.

Enfin, M. Damourette a non-seulement plus d'engrais à sa disposition, mais encore il le répand sur une moindre surface, et, comme il le dit lui-même, il a moins de terres ensemencées et il a des récoltes plus abondantes.

Il réalise ainsi une culture véritablement améliorante. Cette culture, le point de mire de tout bon propriétaire, s'obtient, à Beaumont, au moyen du métayage. Ce mode de faire valoir est donc favorable à une bonne agriculture, lorsque l'on sait et que l'on veut bien s'en servir ; c'est un excellent instrument dans les mains d'un propriétaire habile.

La terre de Beaumont peut être citée comme une preuve du bon parti que l'on peut tirer du métayage, et comme un exemple à suivre pour ceux qui voudraient exercer ce mode de faire valoir.

Il faut dire, pour être juste, que malheureusement les propriétaires de ce pays s'occupent trop peu de leurs terres, et que les métayers, n'étant pas surveillés, font une culture tellement épuisante qu'ils se ruinent et ruinent leurs maîtres ; mais cette faute doit retomber entièrement sur les hommes et non sur les choses ; ce n'est ni la terre ni la manière de la cultiver qui est la cause de cette ruine, c'est uniquement le propriétaire. Aussi est-on heureux de rencontrer un homme comme M. Damourette, qui est un des rares propriétaires de ces contrées comprenant véritablement sa mission et s'occupant d'agriculture, quoique éloigné de sa ferme.

M. Damourette a réalisé toutes ces améliorations avec le concours de cultivateurs nés et élevés dans le pays. Il a été secondé dans l'accomplissement de son œuvre par les sieurs Borgeais fils et Renault, qui ont peu à peu introduit dans leur système de culture les améliorations qu'il leur a proposées et qui aujourd'hui commencent à en introduire eux-mêmes.

La Société d'agriculture de l'Indre a décerné la médaille d'or du métayage à M. Damourette, et elle a accordé une médaille d'argent à chacun de ses deux collaborateurs, Borgeais et Renault.

C'est ici que l'on peut dire : *Tel propriétaire, tels métayers.*

Lorsque nous écrivions les lignes qui précèdent, à la suite d'une visite faite au domaine de Beaumont, nous pensions que M. Damourette poursuivrait son œuvre encore pendant de longues années: la Providence ne l'a pas permis, et cet homme d'élite dont l'intelligence était aussi élevée que le cœur était grand, a succombé presque subitement au mois de novembre 1860.

M. Damourette faisait partie de cette phalange d'hommes supérieurs dont le chef était le très-regrettable M. Muret de Bort; ces hommes ont donné à la ville de Châteauroux, et au département de l'Indre tout entier, des preuves nombreuses de leur haut savoir et de leur courageux amour du bien.

Nous voudrions faire passer dans l'âme de ceux qui nous liront toute l'estime, toute l'amitié, toute l'admiration que nous avons pour M. Damourette, mais notre voix est impuissante. Nous allons rappeler les paroles touchantes que M. Sohier, préfet depuis peu de temps dans le département de l'Indre, a prononcées en conduisant M. Damourette à sa dernière demeure :

« En présence d'une tombe qui va se fermer à tout jamais, les longs discours sont déplacés, ils prolongent les angoisses d'une famille éplorée.

» Qu'il me soit permis cependant d'adresser de suprêmes adieux à l'homme de bien, à l'homme utile qui nous quitte pour l'éternité.

» Je connaissais depuis peu de temps M. Damourette, mais j'avais pu entrevoir et apprécier ses excellentes qualités. Que n'ai-je eu le temps de signaler cette existence si bien remplie à la bienveillance d'un gouvernement toujours prêt à récompenser les citoyens utiles et dévoués ?

» M. Damourette est le fils de ses œuvres ; il a conquis par le travail, par l'intelligence, par les services rendus, la place honorable qu'il occupait dans la société.

» Au milieu de ses travaux incessants, il a eu la bonne pensée de ne pas oublier ceux qui sont abandonnés et ceux qui souffrent. L'orphelinat de Déols sera son titre de gloire ! Avec l'aide de son estimable frère et le concours de personnes charitables — le nombre en est grand dans le pays — il a fondé cette maison hospitalière, qui ne doit pas tomber et que soutiendront tous ceux qui sympathisent avec les malheureux. Il nous suffit d'ailleurs de savoir cette bienfaisante institution placée sous le patronage d'une personne qui, par dévouement et par tradition de famille, s'associe à toutes les infortunes, grandes et petites.

» Si les âmes de ceux qui nous quittent pour aller regagner les régions éternelles ont encore des liens avec les choses de ce monde, votre âme, ô vous qui n'avez passé sur cette terre que pour faire le bien, votre âme devra être consolée, puisque vous avez soulagé ici-bas plus d'une infortune et séché bien des pleurs.

» Vous revivrez dans ceux qui vous ont été chers, ils sauront suivre votre exemple, et le souvenir de vos vertus adoucira leur chagrin.

» Adieu donc, digne et excellent M. Damourette, retournez à Dieu; sur cette terre vous avez été un homme de bien! »

Oui, M. Damourette n'a fait que le bien, et il n'avait que des amis. Sa mort a plongé dans la douleur, non-seulement son excellente famille, mais encore tous ceux qui le connaissaient.

Tous ceux qui l'ont connu l'ont aimé.

M. Damourette laisse un fils, ancien élève de Grignon, qui continue l'œuvre agricole si bien commencé par son père.

Déjà ses soins se sont portés sur l'augmentation des bâtiments, et ceux qui veulent aller visiter Beaumont y trouveront une bergerie d'une construction modèle. De plus, ce jeune agriculteur a compris que ses terres améliorées par les soins de son digne père exigeaient une culture différente : aussi des modifications importantes sont-elles introduites par lui dans un bail qu'il vient de renouveler.

FAVRET et ED. VIANNE.

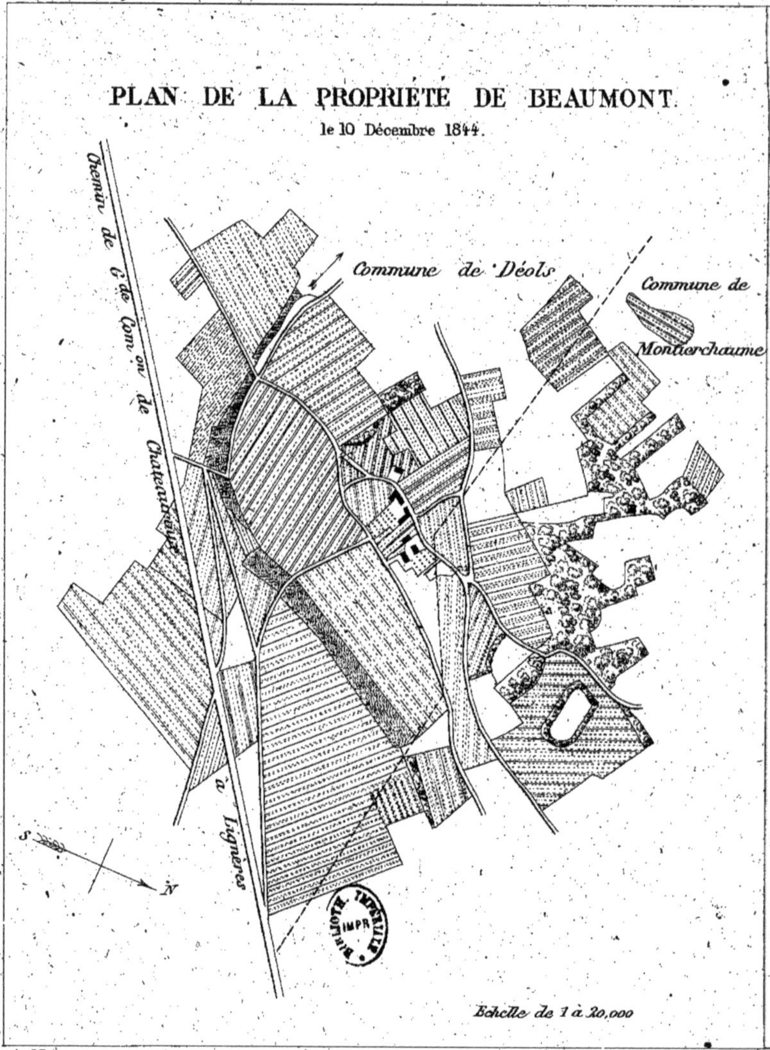

PLAN DE LA PROPRIÉTÉ DE BEAUMONT.
le 10 Décembre 1844.

A. Hofer, sc.

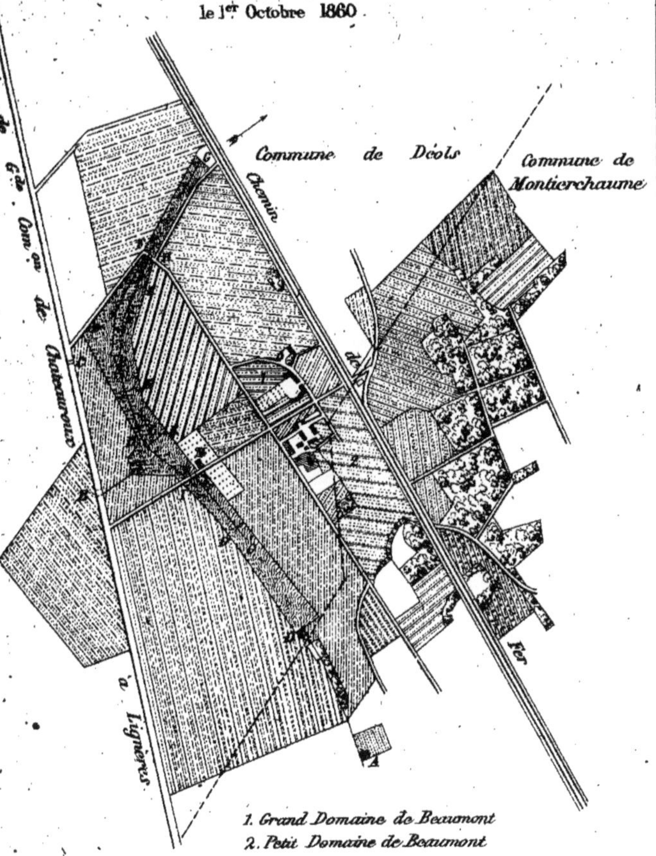

Imp. Caillet

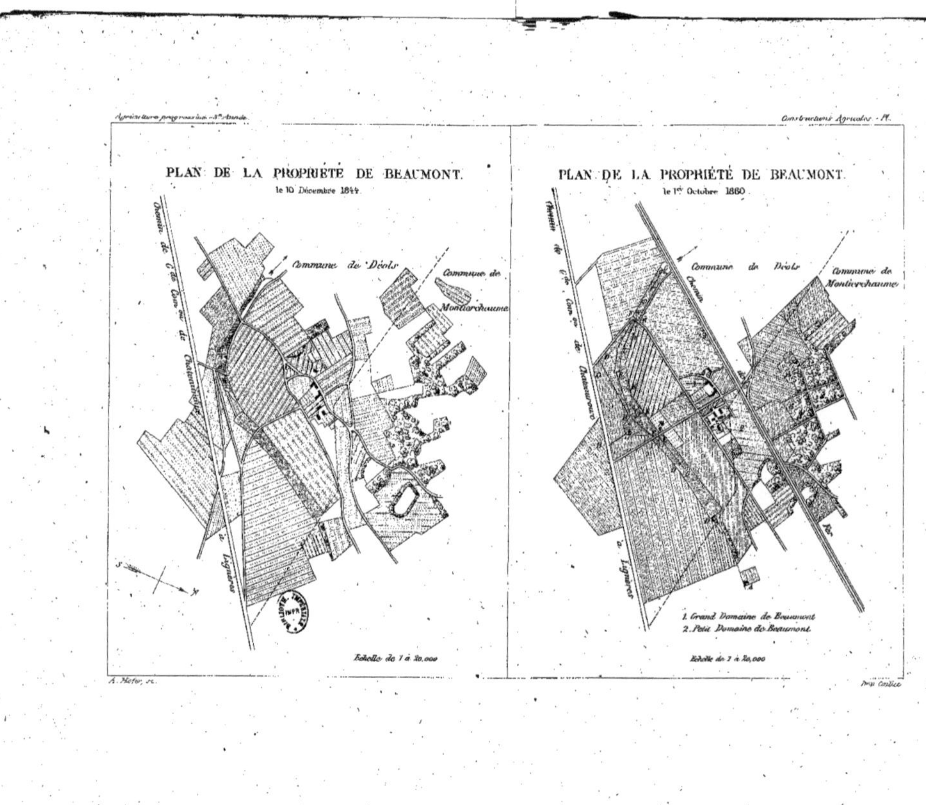

PLAN DE LA PROPRIÉTÉ DE BEAUMONT.
le 10 Décembre 1844.
Chemin de G.te Com.ne de Chateauroux
Commune de Déols
Commune de Montierchaume
Laguerre
S
N
Echelle de 1 à 20,000.
A. Pléton, sc.

PLAN DE LA PROPRIÉTÉ DE BEAUMONT.
le 1er Octobre 1860.
Chemin de G.te Com.ne de Chateauroux
Commune de Déols
Commune de Montierchaume
Laguerre
1. Grand Domaine de Beaumont.
2. Petit Domaine de Beaumont.
Echelle de 1 à 20,000.
Imp. Gérics

www.ingramcontent.com/pod-product-compliance
Ingram Content Group UK Ltd.
Pitfield, Milton Keynes, MK11 3LW, UK
UKHW020112240726
13926UKWH00011B/449

9 782014 027617